손안의
수학 퍼즐 2

손안의

수학 퍼즐 2

ⓒ 알폰스 봐이넴, 2016

초판 1쇄 인쇄일 2016년 7월 15일
초판 1쇄 발행일 2016년 7월 20일

지은이 알폰스 봐이넴 **옮긴이** 임유영
펴낸이 김지영 **펴낸곳** 작은책방
제작 · 관리 김동영 **마케팅** 조명구

출판등록 2001년 7월 3일 제2005-000022호
주소 04047 서울시 마포구 어울마당로 5길 25-10 유카리스티아빌딩 3층
전화 (02)2648-7224 **팩스** (02)2654-7696

ISBN 978-89-5979-463-8 (04410)
        978-89-5979-457-7 (SET)

- 책값은 뒤표지에 있습니다.
- 잘못된 책은 교환해 드립니다.
- Gbrain은 작은책방의 교양 전문 브랜드입니다.

손안의
수학 퍼즐
2

알폰스 봐이넴 지음 임유영 옮김

지브레인

수학도 재미있습니다! 비록 전에는 그렇지 않다고 생각했을지 몰라도 이제부터 여러분은 아주 재미있는 수학의 세계를 발견하게 될 것입니다. 아울러 이 작은 책에 담겨 있는 새로운 수학의 세계는 수의 계산과 퍼즐 게임을 통해 여러분이 가진 수학능력을 키우고 발휘하게 할 것입니다!

이 책은 여러분에게 뇌세포 훈련을 위한 '먹잇감'을 충분히 제공합니다. 그래서 여러분은 다채로운 수학 퍼즐과 퀴즈를 만나게 됩니다. 수열과 숫자게임, 추리효과를 내는 텍스트형 문제, 비례식과 이자를 계산하는 전통적인 문제, 일본의 인기 있는 숫자게임인 스도쿠와 카쿠로가 바로 그것입니다.

수의 자리바꿈 역시 중요하게 다루어집니다. 기술적 연상능력을 필요로 하는 문제들은 여러분이 얼마나 빨리 무게, 부피와 회전운동을 계산할 수 있는지 테스트하게 될 것입니다. 이 포켓판 가이드북은 모든 이들에게 도전의식을 갖게 합니다. 그 이유는 여기에 있는 문제들이 초보자 수준에서부터 전문가 수준에 이르는 모든 난이도를 다루고 있기 때문입니다.

우리가 항상 있는 바로 그곳, 말하자면 기차 안이나 휴가 중에, 아니면 토요일 저녁 편안한 소파 위에 누워서 《손안의 수학퍼즐》을 간편하게 펼쳐보세요. 이 책은 우리가 직접 계산하고 문제를 풀 수 있도록 충분한 여백을 두었습니다.

《손안의 수학퍼즐》 문제를 통해 흥미로운 수학의 세계를 만나고 많은 재미를 느끼시길 바랍니다!

알폰스 봐이넴

contents

contents

문장으로 추론하기　83

해답　123

START!! 숫자놀이

빈칸에 빠진 수들을 채워보세요.

1	2	7	24	77				
2	8	10	14	18		34	50	66
3	6	9	18	21	42	45		
4	7	10	9	12	11			
5	3	7	15	31				
6	6	9	14	23	40			
7	3	7	16	35				
8	4	9	17	35		139		
9	7	15	32		138	281		
10	7	22	65	196				
11	15	16	18	19	21	22	24	
12	19	18	22	21	25	24	28	
13	16	12	17	13	18	14	19	
14	2	4	8	10	20	22	44	
15	15	13	16	12	17	11	18	
16	25	22	11	33	30	15	45	
17	49	51	54	27	9	11	14	
18	19	17	20	16	21	15	22	

빈칸에 빠진 수들을 채워보세요.

1	5	16	12	12	20	7	29	1		
2	2	6	4	12	10	30	28			
3	1	1	3	4	13	13	63	40		
4	64	256	36	16	24	4				
5	8	6	9	11	11	17	14	24	18	32	
6	45	9	38	15	30	22	21	30	11	39	
7	12	14	6	6	8	0	0	2	−6	−18	
8	14	2	11	4	8	8	5	14		
9	13	9	34	28	77	85	164	256	339	769	
10	4	6	19	31	93	157				
11	2	3	7	10	23	32	72	99		
12	4	48	8	24	16	12	32	6	64	
13	2	3	5	8	11	18	23	38	47	78	
14	2	3	6	5	15	9	34	17	73	33	
15	2	12	6	3	18	9	6	36	18	15	

다음 숫자들 중에서 3이나 5로 나누어지는 숫자는 모두 몇 개일까요? 최대한 빨리 풀어 보세요.

1	2	3	4	5	6	7	8	9	10
11	12	13	14	15	16	17	18	19	20
21	22	23	24	25	26	27	28	29	30
31	32	33	34	35	36	37	38	39	40
41	42	43	44	45	46	47	48	49	50
51	52	53	54	55	56	57	58	59	60
61	62	63	64	65	66	67	68	69	70

다음 숫자들 중에서 4나 6으로 나누어지는 숫자는 모두 몇 개일까요? 빠른 시간 안에 풀어 보세요.

71	72	73	74	75	76	77	78	79	80
81	82	83	84	85	86	87	88	89	90
91	92	93	94	95	96	97	98	99	100
101	102	103	104	105	106	107	108	109	110
111	112	113	114	115	116	117	118	119	120
121	122	123	124	125	126	127	128	129	130
131	132	133	134	135	136	137	138	139	140

답 126P

빠른 시간 안에 빈칸을 채워보세요.

126	+		−	98	=	70

187	−	78	+		=	142

11	×	12	−		=	110

	−	124	+	72	=	624

25	+	24	×		=	85

15	+		×	16	=	207

	×	2	−	62	=	604

640	÷		−	36	=	4

방정식을 세워 보세요! 사용 가능한 연산자는 +, −, ×, ÷, ! , $\sqrt{}$ 입니다.

(연산자들 중 느낌표는 한 자연수에 그보다 작은 자연수들을 모두 곱하는 기능을 가집니다. 4!(4팩토리알)=4×3×2×1)

$$(1 \; \square \; 1 \; \square \; 1) \; \square = 6$$

$$2 \; \square \; 2 \; \square \; 2 \; \square = 6$$

$$3 \; \square \; 3 \; \square \; 3 \; \square = 6$$

$$4 \; \square \; 4 \; \square \; 4 \; \square = 6$$

$$5 \; \square \; 5 \; \square \; 5 \; \square = 6$$

$$6 \; \square \; 6 \; \square \; 6 \; \square = 6$$

$$7 \; \square \; 7 \; \square \; 7 \; \square = 6$$

$$8 \; \square \; 8 \; \square \; 8 \; \square = 6$$

$$9 \; \square \; 9 \; \square \; 9 \; \square = 6$$

특정한 계산 과정을 거쳐 각각의 빈칸에 알맞은 수를 넣어보세요. 출발점은 각각 세 상자의 왼쪽 위에 있는 수입니다.

①

14	
20	40

20	
26	

②

20	
25	49

15	
20	

③

8	
26	32

10	
32	

④

12	
20	58

10	
18	

답 127P

알파벳을 알맞은 양수로 바꿔보세요.

단, 회색 부분은 빈칸이니 손대지 마세요.

A	×	3	−	B	=	16
+		×		+		
8	×	C	−	35	=	D
+		−		−		
E	×	4	−	F	=	28
=		=		=		
26	−	G	+	H	=	27

알파벳을 알맞은 양수로 바꿔보세요.

단, 회색 부분은 빈칸이니 손대지 마세요.

16	+	A	+	8	=	B
+		+		+		
C	×	14	+	D	=	36
−		−		−		
E	÷	F	+	3	=	5
=		=		=		
8	+	G	−	H	=	19

알파벳을 알맞은 양수로 바꿔보세요.

단, 회색 부분은 빈칸이니 손대지 마세요.

12	×	A	−	10	=	B
÷		+		×		
C	×	13	+	D	=	45
+		−		−		
E	÷	F	+	7	=	12
=		=		=		
14	+	G	+	H	=	82

알파벳을 알맞은 양수로 바꿔보세요.

단, 회색 부분은 빈칸이니 손대지 마세요.

60	÷	A	+	8	=	B
+		+		+		
C	×	8	−	D	=	38
−		−		−		
E	÷	F	+	3	=	7
=		=		=		
46	+	G	−	H	=	38

답 128P

알파벳을 알맞은 양수로 바꿔보세요.

단, 회색 부분은 빈칸이니 손대지 마세요.

6	×	A	+	15	−	B	=	23
÷		×		÷		×		
C	×	12	+	D	−	7	=	34
+		−		+		−		
10	×	E	+	16	−	F	=	67
−		+		−		+		
G	×	8	+	H	−	14	=	45
=		=		=		=		
6	×	I	+	8	−	J	=	135

알파벳을 알맞은 양수로 바꿔보세요.

단, 회색 부분은 빈칸이니 손대지 마세요.

8	×	A	+	24	−	B	=	39
÷		×		÷		×		
C	×	5	+	D	−	10	=	8
+		−		+		−		
11	×	E	+	13	−	F	=	40
−		+		−		+		
G	×	7	+	H	−	24	=	26
=		=		=		=		
10	×	I	+	1	−	J	=	84

계단의 가장 윗칸에 있는 숫자는 바로 아랫칸(왼쪽 밑칸과 바로 그 밑칸)의 숫자를 가지고 계산하는 과정에서 산출된 결과입니다. 마지막 행에는 1에서 9까지의 숫자가 들어가야만 합니다. 빠진 수들을 채워보세요!

								2.497
								1.350
						520		723
					244	276		
				240		304		346
			116		124		218	
			30		30		49	15
	18		20		18	42		8
9		5			6			8

계단의 가장 윗칸에 있는 숫자는 바로 아랫칸(왼쪽 밑칸과 바로 그 밑칸)의 숫자를 가지고 계산하는 과정에서 산출된 결과입니다. 마지막 행에는 1에서 9까지의 숫자가 들어가야만 합니다. 빠진 수들을 채워보세요!

								885
								458
							207	
					118		105	
				565		549		590
			291		279		286	304
		56			40			48
	36		15	24		14		6
9			3		2		6	

　빈칸에는 1에서 9까지의 수가 들어갑니다. 이 수들을 곱한 결과가 하얀 부분에 화살로 제시되어 있습니다. 이때 각각의 가로 세로 수열에는 같은 수가 두 번 쓰여서는 안 됩니다(이 문제들은 엑셀이나 전자계산기를 이용하여 풀어도 됩니다).

	↓24	↓420	↓70	↓480	↓720		↓2	↓1260	↓120	↓336	↓840
→840						→336					
→360						→120					
→840							→30				
→480							→420				
	↓120	↓144	→12				→168				
→3			↓360	↓240	↓162	↓5040		↓30	↓24	↓8	↓360
→1440							→144				
→1152							→30				
→1080							→120				
→1080							↓120	↓168	↓720	↓420	
	↓30	↓180	↓360	↓56	→210						↓120
→30					→720						
→360					→1260						
→120						→720					
→1260						→1120					

17 교차곱셈 2

빈칸에는 1에서 9까지의 수가 들어갑니다. 이 수들을 곱한 결과가 하얀 부분에 화살로 제시되어 있습니다. 이 때 각각의 가로 세로 수열에는 같은 수가 두 번 쓰여서는 안 됩니다(이 문제들은 엑셀이나 전자계산기를 이용하여 풀어도 됩니다).

모든 가로열과 세로열 그리고 커다란 두 대각선의 수의 합계가 65가 되도록 1에서 25까지의 수들을 알맞게 써보세요. 그중 ⭐ 칸에는 홀수가 들어가야만 합니다.

25				2
				15
		⭐	4	
14	3		13	

모든 가로열과 세로열, 두 대각선에 오는 수의 합계가
0이 되도록 1에서 12까지의 수를 알맞게 넣어보세요.
❌ 칸에는 어떤 수도 올 수 없습니다.

11				7
		1	4	3
8	6		9	
	10	❌	2	
		12		5

각각의 행, 각각의 열, 두 개의 대각선에 오는 수의 합계가 65가 되도록 1에서 25까지의 수들을 알맞게 써보세요.

	16			
	4		11	19
		20		1
		3		
2				21

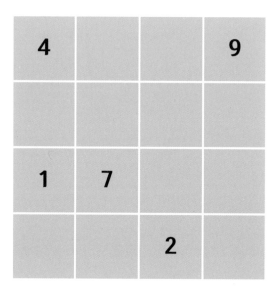

21 마술 사각형 4

각각의 행, 각각의 열, 두 개의 대각선에 오는 수의 합계가 34가 되도록 1에서 16까지의 수들을 알맞게 써보세요.

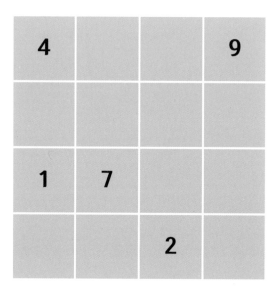

답 132P

각 행과 열에서 수들의 합계가 45가 되도록 빈칸에 임의의 수들을 써보세요.

12		9	
		7	
	10		11
17	3		

마술 사각형 6

각 행과 열에서 수들의 합계가 26이 되도록 빈칸에 임의의 수들을 써보세요.

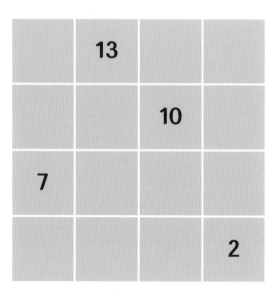

9칸의 수들은 모두 서로 달라야만 합니다. 이때 각각의 행, 각각의 열 또는 대각선에 있는 세 개의 수들을 서로 곱하면 모두 같은 숫자가 됩니다. 그래서 이 곱하기는 '마술곱셈'이라고 불리며 결과가 400보다 커서는 안 됩니다. 가장 큰 수는 제시되어 있으며 두 번째로 큰 수는 오른쪽 맨 아랫칸에 있어야 합니다.

25 수사각형 1

조합으로 되어 있는 아래의 숫자들을 빈칸에 옮겨 쓰세요. 답이 맞다면 각각의 가로, 세로에 오는 4개의 수들은 서로 같습니다. 즉 A행의 수들은 ①열의 수들과 같고, B행의 수들은 ②열의 수들과 같습니다.

가로

2	4

2	1

1	3

세로

3
8
5

4
9
8

5
8

8
2

	①	②	③	④
A				
B				
C				
D				

답 133P

　조합으로 되어 있는 아래의 숫자들을 빈칸에 옮겨 쓰세요. 답이 맞다면 각각의 가로, 세로에 오는 4개의 수들은 서로 같습니다. 즉 A행의 수들은 ①열의 수들과 같고, B행의 수들은 ②열의 수들과 같습니다.

가로

4	1

6	4

1	1	2

3	2	6

세로

4

2	3
6	1
3	

	①	②	③	④
A				
B				
C				
D				

답 133P 35

10개의 서로 다른 알파벳마다 0에서 9까지 10개의 숫자 중 하나가 옵니다. 마지막 행에 쓰여 있는 숫자는 알파벳을 적절한 숫자로 바꾸어 행마다 더한 결과입니다. 마지막 열의 숫자는 알파벳을 숫자로 적절히 바꾸어 열마다 더한 결과입니다. 맞는 숫자를 써보세요.

G	A	A	C	E	22
B	H	K	G	B	17
K	J	K	G	F	21
H	K	F	D	B	20
D	C	B	C	K	23
13	20	23	19	28	

10개의 서로 다른 알파벳마다 0에서 9까지 10개의 숫자 중 하나가 옵니다. 마지막 행에 쓰여 있는 숫자는 알파벳을 적절한 숫자로 바꾸어 행마다 더한 결과입니다. 마지막 열의 숫자는 알파벳을 숫자로 적절히 바꾸어 열마다 더한 결과입니다. 맞는 숫자를 써보세요.

D	E	F	E	B	20
A	B	A	J	C	24
D	F	G	K	J	24
B	E	H	F	D	19
B	C	F	G	C	36
24	23	30	21	25	

START!!

설계-놀이

아래의 지시대로 건물들을 건축 설계도 안에 표시하세요. 가장자리에 쓰여 있는 숫자들은 각 행과 열에 들어갈 수 있는 건축물의 개수입니다. 이때 건물들이 나란히 인접해 있어서는 안 됩니다. 물론 대각선으로 나란히 있어서도 안 됩니다.

설계된 건물들

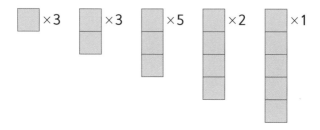

	1	7	1	5	3	4	2	6	2	6
7										
1										
4										
1										
4										
4										
4										
5										
2										
5										

답 134P

아래의 지시대로 건물들을 건축 설계도 안에 표시하세요. 가장자리에 쓰여 있는 숫자들은 각 행과 열에 들어갈 수 있는 건축물의 개수입니다. 이때 건물들이 나란히 인접해 있어서는 안 됩니다. 물론 대각선으로 나란히 있어서도 안 됩니다.

설계된 건물들

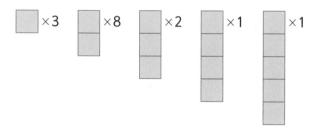

	4	4	4	3	5	2	3	1	4	4
6										
1										
4										
3										
3										
3										
3										
2										
6										
3										

답 134P

  아래의 지시대로 건물들을 건축 설계도 안에 표시하세요. 가장자리에 쓰여 있는 숫자들은 각 행과 열에 들어갈 수 있는 건축물의 개수입니다. 이때 건물들이 나란히 인접해 있어서는 안 됩니다. 물론 대각선으로 나란히 있어서도 안 됩니다.

설계된 건물들

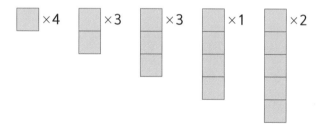

	2	5	3	4	2	2	4	3	2	6
4										
3										
2										
3										
3										
4										
0										
8										
0										
6										

집마다 나무를 심기로 했습니다. 그런데 나무는 집 바로 옆과 위, 혹은 집 아래에 심어야만 하며, 대각선 방향으로 심어서는 안 됩니다. 나무들은 서로 나란히 있어도 안 되며 대각선으로 인접해 있어서도 안 됩니다. 가장자리에 있는 숫자들은 각 행과 열에 있는 나무들의 수입니다.

	2	3	1	4	1	2	2	2	1	3
4	🏠		🏠					🏠		
0		🏠				🏠	🏠			
4			🏠						🏠	
0				🏠				🏠		
3							🏠			
1		🏠								
1	🏠							🏠		
4		🏠		🏠						🏠
1		🏠							🏠	
3					🏠		🏠			

START!!

스도쿠와
카쿠로

빈칸들을 1에서 9의 숫자로 채우세요. 이때 9개의 모든 칸들(3×3칸들), 즉 각 행렬에 있는 숫자들은 모두 달라야만 합니다.

	1						2	
	9		4	6	3			
	3	6	8	1			7	5
4	7				5			3
		2		8		5	1	
	8		4		1		9	
	6							
	2		6	3	4	7	5	9
9		7			8			2

빈칸들을 1에서 9의 숫자로 채우세요. 이때 9개의 모든 칸들(3×3칸들), 즉 각 행렬에 있는 숫자들은 모두 달라야 만 합니다.

1		6	7					4
	4			2	6			3
9				5		2		8
5			8		7	4		
7				6	1			5
2	8	3	5			1	7	
	9				5			
3	7			9	8	6	2	
6			3				4	9

빈칸들을 1에서 9의 숫자로 채우세요. 이때 9개의 모든 칸들(3×3칸들), 즉 각 행렬에 있는 숫자들은 모두 달라야만 합니다.

	6	1		3			2	
	5				8	1		7
					7		3	4
		9			6		7	8
		3	2		9	5		
5	7		3			9		
1	9		7					
8		2	4				6	
	4			1		2	5	

답 138P

전체 칸의 대각선에는 1에서 9까지의 수들이 들어가야 합니다.

	8			5	6			
	3				8	1	6	5
	6		4					
9	1		8		5	4		
6								3
		8	3		4		9	1
				9			3	
3	2	6	5				1	
			2	1			4	

전체 칸의 대각선에는 1에서 9까지의 수들이 들어가야 합니다.

		1				3		
	2		1		3		5	
	3	4		7		2	9	
	8						1	
	7	3		8		1	4	
	1		4		6		7	
		2				9		

각 행렬과 각 사각형(사각형은 10개의 상자로 되어 있습니다)에는 1에서 10까지의 수들이 들어가야 합니다.

		6		4		8			
	2		9		5	4		6	
		5					10		9
6	3				10			5	
	7		10						4
3						6		8	
	5			8				9	6
7		1					5		
	6		2	5		9		3	
			5		7		2		

12칸 스도쿠

각 행렬과 각 사각형(사각형은 12개의 상자로 되어 있습니다)에는 1에서 12까지의 수들이 들어가야 합니다.

	4	10	1			8		3	5		
	2		11		6	7		1		9	
5				12			2				7
			1					4			
		8		4	5	12	9		7		
7	6									10	2
10	12									11	1
		6		11	9	5	4		2		
		9						3			
12				3			11				9
	10		5		1	4		12		3	
	3	9		5			10		1	2	

각 행렬과 각 사각형(사각형은 16개의 상자로 되어 있습니다)에는 1에서 16까지의 수들이 들어가야 합니다.

13	6				2		15						9	14	
	3		14	5			8	4			12	7		15	
		15	8		6				2		13	10			
4				13		14	1	9	6		7				3
		5	10	4			15	11			9	1	16		
	15				12		2	7		5				8	
8		11		7							3		14		6
12		6	1			3	11	13	14			10	7		5
6		8	11			7	5	3	2			9	12		16
10		3		12							16		8		2
	16				8		14	1		12				11	
		12	9	16			13	8			4	3	1		
3				1		5	6	15	9		14				13
		16	15		4				3		5	9			
	8		6	2			3	16			10	14		7	
9	14				8			5					1	10	

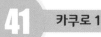

41 카쿠로 1

1에서 19까지의 수들을 빈칸에 넣으세요. 이때 가로 또는 세로마다 더하기 합계가 제시되어 있습니다. 각 수(가로 혹은 세로)의 더하기는 최대 한번뿐입니다!

	↓20	↓34	↓6	↓14	↓29		↓5	↓16	↓21	↓11
27→						23→				
34→						14→				
16→			↓30				↓18	↓26		
15→				29→						
31→						↓16			↓32	↓19
	↓19	↓16			30→					
33→							↓16			
16→			↓11	↓13					↓10	
11→				19→						
29→				34→						

1에서 19까지의 수들을 빈칸에 넣으세요. 이때 가로 또는 세로마다 더하기 합계가 제시되어 있습니다. 각 수(가로 혹은 세로)의 더하기는 최대 한번뿐입니다!

1에서 19까지의 수들을 빈칸에 넣으세요. 이때 가로 또는 세로마다 더하기 합계가 제시되어 있습니다. 각 수(가로 혹은 세로)의 더하기는 최대 한번뿐입니다!

1에서 19까지의 수들을 빈칸에 넣으세요. 이때 가로 또는 세로마다 더하기 합계가 제시되어 있습니다. 각 수(가로 혹은 세로)의 더하기는 최대 한번뿐입니다!

START!!

여러분도 엔지니어가 될 수 있습니다

A

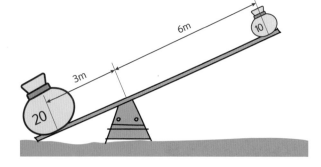

B

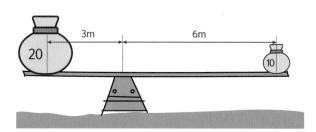

C

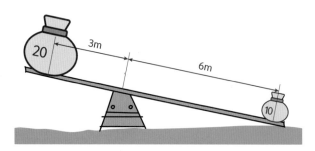

왼쪽 A, B, C 그림에 대한 설명 중에서 맞는 것을 찾아 보세요.

(자루 안의 숫자는 무게값입니다)

① 그림 B가 맞습니다.

② 어떤 그림도 맞지 않습니다.

③ 그림 A가 맞습니다.

④ 그림 C는 지레가 올바른 위치에 있다는 것을 나타냅니다.

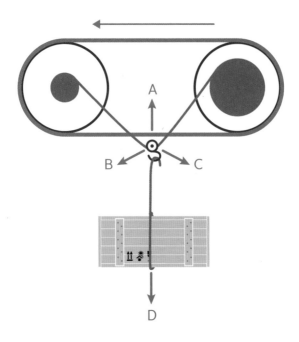

케이블 드럼이 화살표 방향으로 움직일 때 상자는 어떤
방향으로 움직일까요?

① A 방향으로   ② B 방향으로

③ C 방향으로   ④ D 방향으로

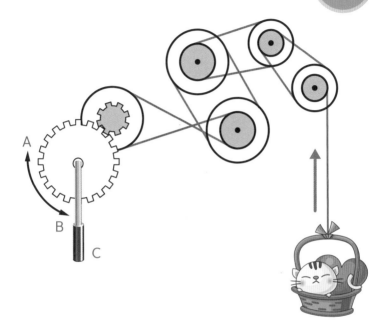

　그림의 구동장치를 이용해 고양이 바구니를 들어올릴 수 있는 방법을 아래에서 찾아보세요.

① 지레 C를 A방향으로 돌려야만 합니다.

② 지레 C를 이쪽저쪽으로 움직여봐야 합니다.

③ 구동장치는 기능하지 않습니다.

④ 지레 C를 B방향으로 돌려야만 합니다.

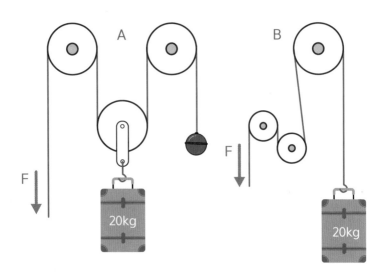

위 기중장치에 대한 설명 중 어떤 것이 옳을까요?

① 이 두 장치에는 같은 힘 F가 필요합니다.

② 장치 A가 더 적은 힘을 필요로 합니다.

③ 장치 A는 기능하지 않습니다.

④ 장치 B가 더 적은 힘을 필요로 합니다.

이 그림은 바퀴 A로 움직여지는 톱니바퀴 장치입니다.
그렇다면 어떤 설명이 맞을까요?

① 바퀴 B는 바퀴 A와 같은 방향으로 돌려집니다.

② 바퀴 B는 바퀴 A의 반대로 돌려집니다.

③ 바퀴 B는 돌려질 수 없습니다.

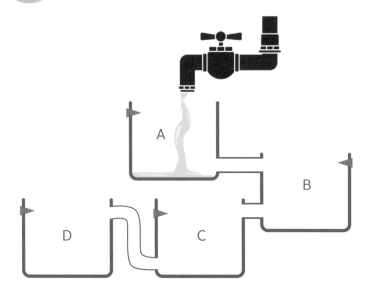

표시된 부분까지 가장 먼저 물이 채워지는 탱크는 어떤 것일까요?

① 탱크 A   ② 탱크 B

③ 탱크 C   ④ 탱크 D

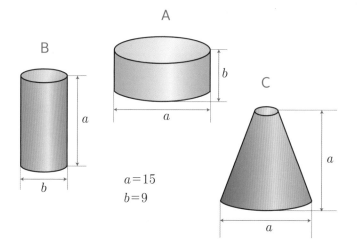

$a=15$
$b=9$

질량 a와 b가 서로 같다 하더라도 이 세 개의 통들은 서로 다른 부피를 가지고 있습니다. 어떤 설명이 맞을까요?

① 통 A에 가장 많이 담깁니다.

② 통 B에 가장 많이 담깁니다.

③ 통 C에 가장 많이 담깁니다.

④ 모든 통들에 똑같이 담깁니다.

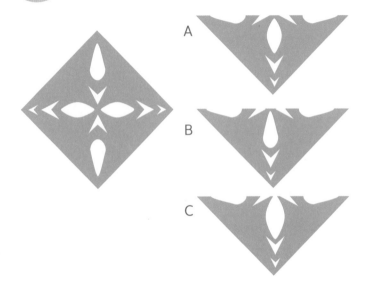

이 그림은 가위로 오린 종이를 펼친 것과 접은 것입니다.
세 개의 접힌 그림들 중 어떤 것이 펼친 그림과 같을까요?

① 접기 A

② 접기 B

③ 접기 C

④ A, B, C 모두 펼쳐진 그림과 같지 않습니다.

이 문제는 좀 추상화된 상상력을 요구합니다. 우리가 조명등으로 교회 모형을 수평으로 비춘다면 벽면에 그림자가 생깁니다. 아래 박스 안의 그림자 모양이 생기려면 어떤 방향으로 이 모형을 비춰야 할까요? (그림자 그림은 실제 크기와 같지 않습니다)

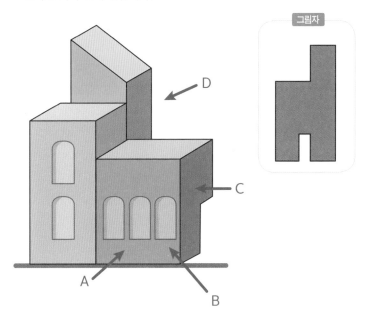

그림자

① A방향으로   ② B방향으로

③ C방향으로   ④ D방향으로

START!! 상인들의 산술

1 ▶ 비례식

특수 포장재료의 길이가 500m, 너비가 0.8m일 때 무게는 86kg입니다. 이 재료의 너비가 0.75m이고 길이가 320m라면 무게는 몇 kg일까요?

2 ▶ 분배계산

합자회사에 아르노 알트는 150,000,000원, 브리기트 분트는 120,000,000원, 클라우디아 코르는 50,000,000원을 투자했습니다. 그리고 일 년 수익으로 96,000,000원을 벌었습니다. 이 수익은 투자 비례에 따라 분배됩니다. 아르노 알트는 이윤으로 얼마를 받을 수 있을까요?

3 ▶ 평균무게

올해는 사과가 풍년입니다. 직접 구매를 원하는 사람들에게 다음과 같이 가격을 제시했습니다. 40kg일 때 1kg당 가격은 1,050원, 30kg일 때 1kg당 가격은 1,200원, 20kg일 때 1kg당 가격은 1,500원입니다. 그렇다면 사과의 $\frac{1}{2}$kg 가격은 얼마일까요?

4 ▶ 백분율 계산

지금까지 4,240원이였던 상품 가격이 4,580원로 올랐습니다. 이 가격 상승은 몇 퍼센트에 해당하는 걸까요?

5 ▶ 원가 계산

한 영업사원이 한 달 매출을 52,500,000원 올려 이에 대한 수수료로 1,312,500원을 받았습니다.

그의 수수료율은 얼마인가요?

그리고 다음달에는 수수료로 1,600,000원을 받았습니다.

그가 올린 매출은 얼마일까요?

55 이자와 원금

1 연체이자

지불기한을 32일 초과해 2,425,000원 이상의 빚을 갚은 채무자는 연체이자(5%)를 얼마나 부담해야 할까요?

2 원금 계산

7.5%의 이자가 붙는 원금이 있습니다. 장기간에 투자된 이 원금은 1/4분기에 600만원이라는 이자를 받았습니다. 원금은 얼마일까요?

3 이자율 계산

한 은행은 신용대출금 1,500,000당 17,500원의 이자를 계산합니다. 이 대출금은 30일 동안 쓸 수 있습니다. 이 은행은 이자를 몇 퍼센트 산출했나요?

4 마이어 씨는 6,000,000원의 $5\frac{1}{8}$%에 해당하는 돈을 투자하고 51,250원의 이자를 받았습니다. 그는 이 돈을 며칠 동안 투자하였을까요?

5 우리가 1월 1일부터 8월 31일까지의 기간 동안 13.25%의 이자율로 12,500원을 지불해야만 한다면 얼마를 빌린 것일까요?

6 어음할인

한 고객이 물품을 사고, 652,000원(3월 15일까지가 지불 기한)을 3달 어음으로 지불합니다. 현금이 필요한 상인은 거래 은행에 가 어음할인을 합니다. 이 은행은 90일이라는 유효기간 동안 9%를 할인합니다. 이 은행은 어음 전표에 얼마의 액수를 쓸까요?

7 계산인수

상인이 판매하려던 물품의 구입가와 판매가 사이에 5,810원이라는 가격차가 생겼습니다. 계산인수는 얼마일까요? (구입가＝12,900원)

1 컴퓨터를 구입해 일을 했을 때의 손익분기점을 뽑았습니다. 그 경우 구입 후 1년 안에 매입가의 $16\frac{2}{3}$%, 그리고 2년이 지나면 나머지 액수의 $16\frac{2}{3}$%가 공제됩니다. 3년이 지난 그해 말 이 컴퓨터의 값은 1,603,800원입니다. 그렇다면 컴퓨터의 구입가는 얼마일까요?

2 어느 외판원이 한 달 고정수입으로 1,700,000원을 받습니다. 그리고 그가 올린 매출의 3.2%를 수수료로 더 받습니다. 그는 월 총수입으로 6,500,000원을 받고자 합니다. 이를 위해서는 그가 연간매출을 얼마나 달성해야만 할까요?

3 ▶ 아버지는 아들보다 한 달에 40% 돈을 더 법니다. 파트타임으로 일하시는 어머니는 아들이 버는 돈의 절반을 법니다. 3년째 견습생으로 일하는 딸은 어머니가 버는 돈의 $\frac{2}{3}$ 를 법니다. 이 가족의 총수입은 97,000,000원입니다. 딸의 보수는 얼마일까요?

4 ▶ 회사원이 회사를 옮기면서 새 고용주에게서 그전보다 4% 더 높은 월급과 800,000원이라는 추가수당을 받았습니다. 따라서 그의 월급은 총 2,128,000원이 더 올랐습니다. 새 월급은 얼마이고 몇 퍼센트나 올랐을까요?

1▶ 어느 컴퓨터의 가격이 $14\frac{2}{7}$% 내렸습니다. 컴퓨터의 가격은 이제 1,200,000원입니다. 총 내린 가격은 얼마일까요?

2▶ 어떤 공장에서 8시간 동안 304개의 콘센트를 생산합니다. 30분 동안에는 몇 개나 생산할까요?

3▶ 생산품의 $\frac{3}{4}$을 수출하는 공장이 있습니다. 이 공장에서는 재고 상품의 $\frac{4}{5}$를 국내에 팔았습니다. 그렇다면 생산품의 몇 퍼센트가 아직 남았을까요?

4▶ 금고에 5천원 지폐와 오백원 동전으로 모두 48개가 있고 그 합계액은 78,000입니다. 금고에는 각각 몇 장의 지폐와 몇 개의 동전이 있을까요?

5 창업기념일을 맞아 한 상인이 고객들에게 달걀을 반 가격으로 팔면서 덤으로 반 개의 달걀을 더 주었습니다. 첫 손님에게 그는 자신이 갖고 있는 달걀의 반과 반 개의 달걀을 팔았습니다. 두 번째 손님은 나머지 달걀에서 다시 절반과 반 개의 달걀을 샀습니다. 상인은 세 번째 그리고 네 번째 손님에게도 똑같은 방식으로 팔았습니다. 모든 손님들은 각각 남은 달걀의 절반과 반 개의 달걀을 보너스로 받았습니다. 그는 다섯 번째 손님에게 다음과 같이 말했습니다.

"유감스럽게도 달걀이 하나밖에 없군요. 이것을 당신께 선물로 드리고 싶습니다."

상인이 처음에 가지고 있었던 달걀은 모두 몇 개였을까요?

START!! **문장으로 추론하기**

58 반, 2배, 3배

1 결혼식에서 앞이 안 보이는 신부의 아버지가 하객의 수를 묻습니다. 신랑은 다음과 같이 말합니다.

"하객 두 배의 수에다 하객의 반과 $\frac{1}{4}$을 더하고 여기에 한 사람을 더 추가하면 100명이 될 것입니다."

하객은 몇 명일까요?

2 만일 내가 실제로 내가 가진 돈보다 3배 많은 돈을 가지고 있고 여기에 11만원을 더한다면 나는 50만원을 가지고 있게 됩니다. 난 얼마를 가지고 있는 걸까요?

3 아침 9시에 파울은 자전거로 A에서 B까지 15km/h의 속도로 갑니다. 9시 45분 톰은 B에서 A까지 20km/h의 속도로 자전거를 타고 갑니다. 그들은 길 중간에서 만나게 됩니다. 몇 시에 이들은 만나게 될까요?

4 12시까지는 몇 분 안 남았습니다. 9시에서 그 몇 분의 3배가 지나면 지금 시각의 40분 전입니다. 지금은 몇 시일까요?

답 151P

5▶ 100의 $1\frac{1}{2}$ 곱하기 $\frac{1}{3}$ 은 몇입니까?

6▶ 우리가 원하는 수의 6배에서 12를 빼면 원하는 수의 3배를 얻습니다. 원하는 수는 무엇일까요?

7▶ 25대 40의 비율로 15에 대한 비율값은 20에 얼마를 더해야 합니까?

1▶ 둘레가 24cm인 직사각형에서 한 변은 다른 변 길이의 두 배입니다. 각 변들의 길이는 어떻게 될까요?

2▶ 삼각형에서 가장 긴 변은 중간 길이의 변보다 3cm가 더 길고 가장 짧은 변보다는 2cm 더 깁니다. 둘레가 20.5cm라면 이 변들의 길이는 어떻게 될까요?

3 ▶ 주사위의 모서리 길이는 4cm입니다. 따라서 모든 모서리 길이들의 합계는 48cm입니다. 이제 우리는 주사위를 모서리 길이가 1cm인 주사위 모양으로 자릅니다. 이때 모든 모서리 길이들의 합계는 몇 cm일까요?

4 ▶ 정방형의 한 우물은 모서리 길이가 5m입니다. 이 우물의 중간에는 갈대가 자라고 있는데 이 갈대는 수면 위로 0.5m가 솟아나와 있습니다. 만일 우리가 갈대를 우물벽으로 잡아당기면 갈대의 끝은 정확히 물 가장자리의 벽 한 가운데에 닿게 됩니다. 우물 물은 얼마나 깊을까요?

5 ▶ 눈으로 보기에 아홉 개의 공들은 똑같습니다. 그러나 그중 하나는 좀 가볍습니다. 어떤 공이 그런지 두 번 무게를 달아 찾아내 보세요.

6 ▶ C구간은 D구간보다 4배 더 깁니다. B구간의 모서리 길이의 제곱은 16입니다. A구간은 B구간보다 반이 더 깁니다. D의 모서리 길이의 세제곱은 B의 모서리 길이 제곱의 반입니다. 그중 어떤 두 구간이 C구간에서 D구간만큼 짧게 한 길이와 같습니까?

1 ▶ 48cm 길이의 철사는 온도를 가하면 52cm로 늘어납니다. 72cm 길이의 철사를 가열하면 얼마나 늘어날까요?

2 ▶ 길이가 60cm인 재료를 한 조각이 다른 조각 길이의 $\frac{2}{3}$가 되도록 잘라야만 합니다. 짧은 조각의 길이는 몇 cm인가요?

3▶ 군케 부인이 우표를 사기 위해 그녀가 가진 돈의 $\frac{1}{10}$을 지출했고, 편지지를 사기 위해 그것보다 4배 많은 돈을 지출했습니다. 그리고 현재 1,960원이 남아 있습니다. 그녀는 물건을 사기 전에 얼마를 가지고 있었을까요?

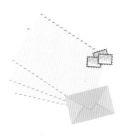

4▶ 7명의 사람들이 6일 안에 일을 마칠 수 있다면 그 일을 반나절에 끝내려면 몇 명의 사람들이 필요할까요?

5▶ 49개의 동전을 한 사람의 몫이 다른 사람의 몫보다 $\frac{1}{3}$ 더 많게 나누어야 합니다. 더 작은 몫은 몇 개의 동전으로 이루어져 있을까요?

답 152P

1 ▶ 항해를 위해 21명의 사람들이 16일간 마실 음료가 준비되었습니다. 그러나 물은 14일만에 떨어지고 말았습니다. 그렇다면 몇 사람이 물을 마신 건가요?

2 ▶ 수영장을 채우기 위해 시간당 각 4,000ℓ씩 나오는 3개의 수도관과 시간당 각 7,500ℓ씩 나오는 2개의 수도관이 마련되어 있습니다. 이 수영장을 4,000ℓ씩 나오는 수도관 3개로 가득 채우려면 30시간이 걸립니다. 각 7,500ℓ씩 나오는 2개의 수도관으로 풀을 채우려면 몇 시간이 걸릴까요?

3▶ 스포츠 협회는 축제 때 아이스크림을 팔고자 합니다. 소프트 아이스크림탱크 하나에는 180인분의 양이 채워집니다. 2,700인분의 아이스크림을 채우려면 몇 개의 탱크가 필요할까요?

4▶ 300명의 짐꾼을 고용하면 16시간 안에 배에 모든 짐을 실을 수 있습니다. 그런데 이번에는 12시간 내에 짐을 실어야만 합니다. 그렇다면 짐꾼을 몇 명 고용해야 할까요?

답 153P

5 하나의 욕조에 두 개의 수도꼭지가 있습니다. 하나의 수도꼭지는 코르크 마개가 배수구를 막자마자 9분 안에 욕조를 채우고, 다른 하나는 13분 안에 채웁니다. 이 가득찬 욕조의 코르크 마개를 빼면 욕조는 18분 안에 비워집니다. 당신은 오늘 청소를 하다 코르크마개를 잃어버렸습니다. 그럼에도 불구하고 목욕을 하고 싶습니다. 당신이 두 개의 수도꼭지를 틀어 욕조를 가득 채우려면 시간이 얼마나 걸릴까요?

답 153P

1 3명의 대학생들이 졸업 후 첫 직장을 얻었습니다. 그들이 받는 보수는 액수가 모두 다릅니다. 마르코는 세바스티안보다 $\frac{1}{5}$, 안드레아스는 세바스티안보다 $\frac{1}{6}$ 더 많이 받습니다. 안드레아스의 월급이 3,500,000원일 때 마르코와 세바스티안이 받는 월급은 얼마일가요?

2 한 판매부에서 남성 사원의 10%, 여성 사원의 15%가 좋은 판매 결과를 얻었습니다. 그 그룹 중 남성 사원이 60%라면 총 몇 퍼센트가 좋은 판매 결과를 얻은 걸까요?

3 3명의 고위직 회사원들이 그들의 월급에 대해 이야기합니다. A는 다음과 같이 말합니다. "나는 한 달에 6,000,000원을 법니다. 그것은 B보다 2,000,000원 적은 것이고 C보다는 1,000,000원 많은 것입니다." B는 다음과 같이 말합니다. "내가 가장 적게 돈을 받는 사람은 아닙니다. C와 나 사이의 월급차이는 3,000,000원입니다. 그는 9,000,000원을 법니다." C는 다음과 같이 말합니다. "나는 A보다 적게 돈을 법니다. A는 사실상 한 달에 7,000,000원 법니다. B로 말할 것 같으면 그는 A보다 3,000,000원 더 법니다." 이 세 사람 각자가 두 번은 옳게, 그리고 한번은 거짓으로 말한 것이라면 A, B 그리고 C의 월급은 얼마일까요?

1 어느 빵 공장에서는 지금까지 8개의 오븐으로 12시간 일해 6,300개의 빵들을 생산했습니다. 최근 오븐의 개수를 10개로 늘린 후 작업시간도 각 8시간씩 2 교대로 늘렸습니다. 이제 공장은 하루에 몇 개의 빵을 구워낼까요?

2 매장 면적이 920m²인 어느 슈퍼마켓에서 5명의 사람들이 19시에서 23시까지 청소를 합니다. 그런데 이제 매장 면적이 1,127m²로 넓어졌습니다. 대신 노동시간은 30분 짧아졌습니다. 얼마나 많은 청소부들을 더 투입한 걸까요?

3 재고조사를 하는데 작년에 14명의 사원들이 매일 8시간씩 작업하여 6일 걸렸습니다. 올해 재고조사는 4일 안에 끝내야만 합니다. 그러나 사원들은 매일 7시간만 일할 수 있습니다. 얼마나 많은 사원들을 작업에 투입해야 할까요?

1 ▶ 양치기가 양들을 두 마리씩 우리로 몰아 넣었더니 한 마리가 남았습니다. 그래서 양치기가 세 마리씩, 네 마리씩, 다섯 마리씩, 여섯 마리씩 우리로 몰아 넣어도 그때마다 한 마리가 남았습니다. 그러다 일곱 마리씩 우리에 몰아 넣자 그때에야 비로소 한 마리의 양도 남지 않습니다. 그렇다면 이 목장에는 몇 마리의 양들이 있는 걸까요?

64 동물 농장

2▶ 우리에 닭과 토끼들이 있습니다. 닭과 토끼들은 18개의 머리와 50개의 다리를 가지고 있습니다. 우리에는 몇 마리의 닭과 토끼가 있을까요?

3▶ 사자, 늑대 그리고 하이에나가 함께 양 한 마리를 잡아먹습니다. 사자는 그 양을 한 시간 내에 먹어치울 수 있습니다. 늑대는 혼자 먹는다면 4시간이 걸립니다. 그리고 하이에나는 6시간이 걸릴 때 그 세 마리 모두가 함께 잡아먹는다면 얼마의 시간이 걸릴까요?

4 할머니에게 몇 마리의 고양이들과 살고 있는지 물어보면 그녀는 다음과 같이 대답합니다.

"내 고양이들 중 $\frac{4}{5}$ 더하기 $\frac{4}{5}$ 고양이와 함께 살지."

그녀는 몇 마리의 고양이와 살고 있는 것일까요?

답 155P

65 구간과 속도

1 한 버스가 24km 길이에 이르는 두 지역을 하루에 한 번씩 왕복합니다. 월요일에 이 버스는 90km/h로 달렸습니다. 화요일에 100km/h의 속도로 가서 돌아올 때는 80km/h의 속도로 달렸습니다. 이 버스는 어느 요일에 더 오랫동안 달렸을까요?

2 ▶ 피트 부부는 매주 토요일 자전거를 타고 총 30km (갈 때 15km, 올 때 15km)에 이르는 구간을 달립니다. 오늘 피트 씨는 자신의 아내보다 먼저 떠났고 피트 부인은 남편이 달리는 속도의 $\frac{2}{3}$에 해당하는 속도로 뒤늦게 따라나섰습니다. 결국 피트 씨는 돌아올 때 아내를 만나 함께 집으로 왔는데 그렇다면 피트 씨는 몇 km 달렸을까요?

2 ▶ 한 젊은이가 $\frac{1}{4}$초 안에 1.75m를 달릴 수 있습니다. 그는 25초 안에 몇 m를 달릴 수 있을까요?

4 발트하우스에서 그라펜 뮐레까지는 $16\frac{1}{4}$ km입니다. 마르크는 그라펜 뮐레까지 산책하기 위해 발트하우스를 떠납니다. 에리히는 그라펜 뮐레에서 발트하우스로 갔습니다. 그들은 목적지에 도달한 후 다시 자전거를 타고 각자의 집으로 갔는데 모두 정각 6시에 집에 도착합니다. 마르크가 그날 본 자전거의 속도는 걷는 속도의 $\frac{2}{3}$ 정도 빠릅니다. 에리히는 자신이 걷는 속도의 3배로 자전거를 탑니다. 자전거를 타는 이 두 사람이 돌아올 때 서로 만나게 된다면 그라펜 뮐레에서 얼마나 떨어져 있는 걸까요?

1 수잔은 아버지에게 다음과 같이 말합니다.

"제 어머니의 아들이 그녀 어머니의 아들과 결국 화해한다면 얼마나 좋을까요?"

누가 누구랑 화해한다는 것일까요?

2 일찍 혼자된 두 사람이 새로 결혼합니다. 이 둘에게는 두 번째 결혼입니다. 이 둘은 첫 번째 결혼에서 얻은 자식들이 있는데 두 번째 결혼 후에도 새로운 아이들이 태어납니다. 이제 이 부부는 5명의 친자식이 있고 그들의 가족은 총 9명이라면 이 부부가 결혼해서 낳은 자식은 몇 명일까요?

3 ▶ 트릭서 씨는 모자가게에서 모자 하나를 8만원에 사면서(원가는 5만원) 50만원권 지폐를 지불합니다. 그런데 상인에게 잔돈이 부족해 옆 약국에 가서 지폐를 바꿔 왔습니다. 트릭서 씨가 모자와 거스름돈 42만원을 받아 돌아간 후 약사가 화가 나서 찾아와 50만원권 수표가 가짜라고 말합니다. 결국 상인은 한숨을 쉬며 화가 난 약사에게 50만원을 내어 줍니다. 이 일로 상인은 얼마의 돈을 잃은 걸까요?

1 분침이 시침과 반대로 마주 서 있는 경우는 하루
에 몇 번 있습니까?

2 분데스리가가 18팀에서 20팀으로 늘어난다면 각
시즌에서 몇 경기나 개최될까요?

3 '1. FC 학케'팀이 '보루시아 그레췌'팀보다 아주 조금 더 잘해서 '학케'팀에게 게임당 51%의 승산이 있다면 이 팀이 8경기를 하는 한 시리즈에서 모두 승리할 가능성은 얼마나 될까요?

4 36명의 사람들이 마라톤에 참여했습니다. 한 참여 여성이 부상으로 인해 탈락한 후, 여성보다 $\frac{4}{3}$ 명 많은 남성들이 목표점에 도달했습니다. 몇 명의 남성들과 여성들이 출발점에 있었나요?

5 할트, 헬트와 힐트 씨들은 각기 다양한 취미와 직업을 가지고 있습니다. 한 사람은 치과의사이고, 다른 이는 법률가이며, 3번째 사람은 파일럿입니다. 헬트 씨는 파일럿이 아닙니다. 할트 씨는 법률가가 아닙니다. 파일럿은 골프를 치지 않습니다. 법률가는 광적인 테니스선수입니다. 할트 씨는 폴로를 싫어합니다. 이 세 신사분들의 취미와 직업은 무엇일까요?

68 동료와 식인종

1▶ 7명의 옛 동료들인 A씨, B씨, C씨, D씨, E씨, F 씨 그리고 G씨는 식당에서 멧돼지를 놓고 매일 저녁 식 당에서 친목회를 하기로 했습니다. A씨는 매일 저녁에 왔 습니다. B씨는 이틀에 한번 왔습니다. C씨는 3일에 한번 왔습니다. D씨는 4일에 한번 왔습니다. E씨는 5일에 한 번 왔습니다. F씨는 6일에 한번 왔습니다. G씨는 7일에 한 번 왔습니다. 어느 날 저녁 여성 웨이터가 다음과 같이 말했습니다. "제가 여기에서 일한 지 이제 6개월입니다. 그런데 지금까지 한 번도 여러분 모두가 함께 있는 것을 보지 못했군요." 이것이 가능할까요?

2 ▶ 세 명의 젊은 부부들이 함께 모험을 즐기는 휴가를 갔습니다. 그런데 식인종들이 그들을 습격하여 납치하였습니다. 식인종들은 요리 냄비에 넣기 전에 그들 모두를 저울에 올려보았습니다. 여행자 6명의 총무게는 정수로 나오지 않았습니다. 단 여자들의 무게는 171kg이었습니다. 스벤의 몸무게는 자신의 아내와 똑같고 페터는 자신의 아내보다 $\frac{1}{2}$ 배 무거웠습니다. 세바스티안은 자신의 아내보다 2배 무겁고 질케는 안드레아보다 10kg 더 무게가 나가며 안드레아는 율리아보다 5kg 적게 무게가 나왔습니다. 그중 5명이 기적처럼 탈출하여 힘을 합해 혼자 남아 요리 되기 직전이던 율리아의 남편을 구했습니다. 이때 율리아의 남편 몸무게는 얼마일까요?

답 158P

69 몇 개일까요?

1 장미 5송이를 가지고 있는 자는 카네이션을 가지고 있지 않습니다. 장미 2송이를 가지고 있는 자는 카네이션 3송이를 가지고 있습니다. 카네이션 5송이를 가지고 있는 자는 장미를 가지고 있지 않습니다. 6명 각자는 모두 같은 송이의 꽃들을 가지고 있지만 그중 한 사람은 카네이션을 가지고 있지 않습니다. 총 11송이의 장미가 꽃다발로 있습니다. 몇 명의 사람들이 카네이션 5송이를 가지고 있을까요?

2 한 도시에 총 96개의 미용실용 의자가 있습니다. 이 의자들은 몇 개의 미장원, 3개의 이발소와 몇 개의 다른 미용실로 나뉘어 가게 되는데, 이 가게들에는 남성용 의자와 여성용 의자가 반씩 있습니다. 미용실 전체에 있는 의자의 수는 같습니다. 순수 이발소에는 총 24개의 의자가 있습니다. 이 도시에는 총 40개의 남성용 의자가 있습니다. 그렇다면 미장원의 수는 몇 개일까요?

3 ► Y씨는 Z씨보다 2개가 많은 6개의 의자를 가지고 있습니다. Z씨는 완전히 오른쪽에서 삽니다. 세 신사들 각자는 총 11개의 물건들을 가지고 있고 그중 2명의 신사들은 각각 우산을 하나씩 가지고 있습니다. Z씨 옆집에 사는 신사는 그림을 3장 가지고 있습니다. X씨는 우산 하나를 가지고 있습니다. Y와 Z씨 중 한 사람은 다른 사람 보다 그림 한 장을 적게 가지고 있을 때 누가 우산을 가지고 있지 않을까요? 그리고 총 몇 장의 그림이 있을까요?

70 언제였을까요?

1 어제는 월요일에서 3일 지난 날이었습니다. 내일은 무슨 요일일까요?

2 10일로부터 3일 전은 목요일이었습니다. 13일이 8일 후라면 4일 후는 무슨 요일일까요?

3 289일 전이 일요일이었다면 923일 후는 무슨 요일일까요?

4 5일 후면 수요일입니다. 3일 전에는 무슨 요일이었을까요?

5 그저께는 화요일에서 9일이 지난 날이었습니다. 내일은 무슨 요일일까요?

6 왕이 나라를 떠난 그날로부터 10일 후 커다란 모반이 시작되었습니다. 모반은 9일째까지 계속되었습니다. 12월 18일은 19일째부터 83일이 지난 날이었습니다. 15일째 날로부터 3일 전은 왕이 이미 나라를 떠난 지 11일 되는 날입니다. 왕이 나라를 떠난 26일 전이 화요일이었다면 그해 4월 23일은 무슨 요일일까요?

답 159P

아래에 있는 15문항의 도움으로 다음 두 가지 질문에 답해보세요!

1 ▶ 누가 물을 마시나요?

2 ▶ 얼룩말은 누구의 것일까요?

- 집 5채가 있습니다.

- 영국 사람은 빨간 집에서 삽니다.

- 스페인 사람은 개 한 마리가 있습니다.

- 초록 집에 사는 사람은 커피를 마십니다.

- 이탈리아 사람은 차를 마십니다.

- 초록 집은 파란 집 오른쪽 옆에 있습니다.

- 축구를 하는 남자는 달팽이가 있습니다.

- 노란 집에 사는 사람은 등산하는 것을 좋아합니다.

- 중간에 위치한 집에 사는 사람은 우유를 마십니다.

- 노르웨이 사람은 첫 번째 집에서 삽니다.

- 아마추어 수영선수는 여우를 데리고 사는 남자의 옆 집에서 삽니다.

- 등산하는 사람들은 말이 있는 집 옆 집에서 삽니다.

- 오토바이 광이 오렌지 쥬스를 마십니다.

- 일본 사람은 배타는 것을 좋아합니다.

- 노르웨이 사람은 파란 집 옆 집에서 삽니다.

72 식당 칸에 있는 사람은 누구?

12개의 역을 정차하는 기차가 베를린에서 뮌헨으로 갑니다. 14시 출발, 22시 도착이며 8명의 사람들이 탔습니다.

1 ▶ 식당 칸에 있는 사람은 누구?

2 ▶ 변호사는 몇 시에 탔을까요?

여러분들이 아는 것은 다음과 같은 사실입니다.

- 연금 생활을 하는 여성이 14시 정각에 승차하여 이등실을 타고 갑니다. 그리고 $1\frac{1}{2}$ 시간 후에 다시 내립니다.

- 17시 20분에 한 사람이 올라타서 일등실에 앉아 갑니다.

- 여교수가 이등실에 탑니다. 그녀는 한 여성 매니저보다 먼저 기차에 탑니다.

- 대학생은 식당 칸에 앉아 있지 않습니다.

- 여성 매니저 한 명이 4시간 후에 이사로써 기차에 탑니다. 그녀는 일등실에 타지 않습니다.

- 변호사는 이등실에 타지 않습니다. 그는 기술자가 올라탄 이후로 2시간 동안 기차를 탄 사람이 아닙니다.

- 교사가 18시 40분에 올라탑니다. 그러나 그는 이등실에 타지 않습니다.

- 다섯 사람들이 이등실에 타고 가고, 두 사람은 일등실에 타고 갑니다.

- 21시 05분에 한 사람이 종착역 전 마지막 역에서 이등실에 탑니다.

- 이사는 한 여성 연금생활자가 내린 후 이등실을 타고 두 개의 역을 갑니다.

- 이 기차는 14시 15분에 첫 번째 역에서 정차합니다. 이때 기술자가 이등실에 올라탑니다.

1 한 작은 비행기 안에 4명의 사람들이 타고 있고 약 2,000m 높이에 떠 있는 비행기 앞에는 거대한 산맥이 우뚝 솟아 있습니다. 그런데도 비행기 조종사는 속도와 방향을 바꾸지 않았습니다. 또한 승객들 중 어느 누구에게도 아무런 일도 일어나지 않았습니다. 왜일까요?

2 딸은 12월 31일 23시 59분에 태어났습니다. 매년 가족들은 일요일에 생일을 축하합니다. 왜 그럴까요?

3 ▶ 플로케 씨가 자신의 여동생 율리아와 함께 산책을 합니다. 갑자기 그가 다음과 같이 소리칩니다.

"저기 내 조카 스벤이 달리고 있네."

"난 조카가 없다는 것이 유감이야."라고 율리아가 말합니다. 스벤은 율리아와 어떤 친척관계에 있는 것일까요?

4 ▶ 3개의 깡통에는 각기 2개의 동전들이 들어 있습니다. 첫 번째 깡통에는 1센트짜리 동전 두 개가 들어 있습니다. 두 번째 깡통에는 2센트짜리 동전 두 개가 있고, 세 번째 깡통에는 1 센트짜리 동전 하나와 2센트짜리 동전 하나가 들어 있습니다. 3개의 깡통 모두는 내용물 표시를 잘못했습니다. 여러분은 각각의 깡통에서 하나의 동전만을 꺼내야 합니다. 모든 깡통이 제대로 표시될 수 있기 위해 여러분은 몇 번이나 손을 넣어야 할까요?

답 160P

해답

1	**238**	(×3+1, ×3+3, ×3+5, ×3+7)
2	**26**	(+2, +4, +4, +8, +8, +16, +16)
3	**90, 93**	(+3, ×2, +3, ×2, +3, ×2, +3)
4	**14, 13**	(+3, −1, +3, −1, +3, −1)
5	**63**	(×2+1, ×2+1, ×2+1, ×2+1)
6	**73**	(×2−3, ×2−4, ×2−5, ×2−6, ×2−7)
7	**74**	(×2+1, ×2+2, ×2+3, ×2+4)
8	**69**	(×2+1, ×2−1, ×2+1, ×2−1, ×2+1)
9	**67**	(×2+1, ×2+2, ×2+3, ×2+4, ×2+5)
10	**587**	(×3+1, ×3−1, ×3+1, ×3−1)
11	**25**	(+1, +2, +1, +2, +1, +2, +1)
12	**27**	(−1, +4, −1, +4, −1, +4, −1)
13	**15**	(−4, +5, −4, +5, −4, +5, −4)
14	**46**	(+2, ×2, +2, ×2, +2, ×2, +2)
15	**10**	(−2, +3, −4, +5, −6, +7, −8)
16	**42**	(−3, ÷2, ×3, −3, ÷2, ×3, −3)
17	**7**	(+2, +3, ÷2, ÷3, +2, +3, ÷2)
18	**14**	(−2, +3, −4, +5, −6, +7, −8)

해답에서 '한 칸 건너행'으로 표시된 문제는 칸 a, c, e, g, i를 칸 b, d, f, h와 독립시킵니다.

1	39, −6	(한 칸 건너행에 +7, −4, +8, −5, +9, −6, +10, −7)
2	84, 82	(×3, −2, ×3, −2, ×3, −2, ×3, −2, ×3, −2)
3	313, 121	(한 칸 건너행에 ×5−2, ×3+1, ×5−2, ×3+1, ×5−2, ×3+1, ×5−2, ×3+1)
4	20, 2	(한 칸 건너행에 2+4, √ , ÷2+6, √ , ÷2+8, √)
5	23, 41	(한 칸 건너행에 +1, +5, +2, +6, +3, +7, +4, +8, +5, +9)
6	0, 49	(한 칸 건너행에 −7, +6, −8, +7, −9, +8, −10, +9, −11, +10)
7	−16, −24, −96	(+2, −8, ×1, +2, −8, ×2, +2, −8, ×3, +2, −8, ×4)
8	2, 22, −1	(한 칸 건너행에 −3, +2, −3, +4, −3, +6, −3, +8, −3)
9	690, 2308	(한 칸 건너행에 ×2+8, ×3+1, ×2+9, ×3+1, ×2+10, ×3+1, ×2+11, ×3+1, ×2+12, ×3+1)
10	462, 788	(한 칸 건너행에 ×5−1, ×5+1, ×5−2, ×5+2, ×5−3, ×5+3)
11	220, 301	(한 칸 건너행에 ×3+1, ×3+1, ×3+2, ×3+2, ×3+3, ×3+3, ×3+4, ×3+4)
12	3, 128	(한 칸 건너행에 ×2, ÷2, ×2, ÷2, ×2, ÷2, ×2, ÷2, ×2)
13	95, 158	(한 칸 건너행에 ×2+1, ×2+2, ×2+1, ×2+2, ×2+1, ×2+2, ×2+1, ×2+2, ×2+1, ×2+2)
14	152, 65	(한 칸 건너행에 ×2+2, ×2−1, ×2+3, ×2−1, ×2+4, ×2−1, ×2+5, ×2−1, ×2+6, ×2−1)
15	90, 45, 42	(×6, ÷2, −3, ×6, ÷2, −3, ×6, ÷2, −3, ×6, ÷2, −3)

33개

1	2	3	4	5	6	7	8	9	10
11	12	13	14	15	16	17	18	19	20
21	22	23	24	25	26	27	28	29	30
31	32	33	34	35	36	37	38	39	40
41	42	43	44	45	46	47	48	49	50
51	52	53	54	55	56	57	58	59	60
61	62	63	64	65	66	67	68	69	70

24개

71	72	73	74	75	76	77	78	79	80
81	82	83	84	85	86	87	88	89	90
91	92	93	94	95	96	97	98	99	100
101	102	103	104	105	106	107	108	109	110
111	112	113	114	115	116	117	118	119	120
121	122	123	124	125	126	127	128	129	130
131	132	133	134	135	136	137	138	139	140

126	+	42	−	98	=	70
187	−	78	+	33	=	142
11	×	12	−	22	=	110
676	−	124	+	72	=	624
25	+	24	×	2, 5	=	85
15	+	12	×	16	=	207
333	×	2	−	62	=	604
640	÷	16	−	36	=	4

$(1 + 1 + 1) ! = 6$

$2 + 2 + 2 = 6$

$3 \times 3 - 3 = 6$

$4 + 4 - \sqrt{4} = 6$

$5 + 5 \div 5 = 6$

$6 + 6 - 6 = 6$

$7 - 7 \div 7 = 6$

$8 - \sqrt{8} + 8 = 6$

$\sqrt{9} \times \sqrt{9} - \sqrt{9} = 6$

① 52; 출발점+6×2

② 39; 출발점+5×2−1

③ 38; 출발점×3+2+6

④ 52; 출발점+8×3−2

문제 **8** 의 답

7	×	3	−	5	=	16
+		×		+		
8	×	9	−	35	=	37
+		−		−		
11	×	4	−	16	=	28
=		=		=		
26	−	23	+	24	=	27

문제 **11** 의 답

60	÷	4	+	8	=	23
+		+		+		
6	×	8	−	10	=	38
−		−		−		
20	÷	5	+	3	=	7
=		=		=		
46	+	7	−	15	=	38

문제 **9** 의 답

16	+	15	+	8	=	39
+		+		+		
2	×	14	+	8	=	36
−		−		−		
10	÷	5	+	3	=	5
=		=		=		
8	+	24	−	13	=	19

문제 **12** 의 답

6	×	2	+	15	−	4	=	23
÷		×		÷		×		
3	×	12	+	5	−	7	=	34
+		−		+		−		
10	×	7	+	16	−	19	=	67
−		+		−		+		
6	×	8	+	11	−	14	=	45
=		=		=		=		
6	×	25	+	8	−	23	=	135

문제 **10** 의 답

12	×	4	−	10	=	38
÷		+		×		
3	×	13	+	6	=	45
+		−		−		
10	÷	2	+	7	=	12
=		=		=		
14	+	15	+	53	=	82

문제 **13** 의 답

8	×	3	+	24	−	9	=	39
÷		×		÷		×		
2	×	5	+	8	−	10	=	8
+		−		+		−		
11	×	4	+	13	−	17	=	40
−		+		−		+		
5	×	7	+	15	−	24	=	26
=		=		=		=		
10	×	18	+	1	−	97	=	84

						+	2.497
					+	1.147	1.350
				+	520	627	723
			+÷2	244	276	351	372
		+	240	248	304	398	346
	(+)×2	116	124	124	180	218	128
+	28	30	32	30	60	49	15
×	18	10	20	12	18	42	7	8
9	2	5	4	3	6	7	1	8

						+	885
					+	427	458
				+	220	207	251
			+−1000	118	102	105	146
		+	565	553	549	556	590
	++200	291	274	279	270	286	304
+	56	35	39	40	30	56	48
×	36	20	15	24	16	14	42	6
9	4	5	3	8	2	7	6	1

	↓24	↓420	↓70	↓480	↓720		↓2	↓1260	↓120	↓336	↓840
→840	4	7	2	5	3	→336	1	7	2	6	4
→360	3	4	1	6	5	120	2	3	1	4	5
→840	1	5	7	2	4	3	→30	5	3	2	1
→480	2	3	5	8	2	1	→420	2	5	7	6
	↓120	↓144	→12	1	6	2	168	6	4	1	7
→3	1	3	→360	↓240	↓162	5040		↓30	↓24	↓8	↓360
→1440	3	2	5	8	6	1	→144	2	3	4	6
→1152	4	6	8	2	1	3	→30	3	2	1	5
→1080	5	4	1	3	9	2	→120	5	4	2	3
→1080	2	1	9	5	3	4	↓120	↓168	↓720	↓420	4
	↓30	↓180	↓360	↓56	→210	7	1	3	5	2	↓120
→30	1	5	3	2	→720	5	3	2	1	6	4
→360	3	6	5	4	→1260	6	5	7	3	1	2
→120	2	3	4	1	5	→720	2	4	6	5	3
→1260	5	2	6	7	3	→1120	4	1	8	7	5

	↓30	↓120	↓120	↓840	↓144		↓10	↓144	↓120	↓180	↓504
→120	5	2	3	4	1	→360	5	3	4	6	1
→240	2	5	4	3	2	→720	2	4	3	5	6
→720	3	4	5	2	6	1	→70	2	5	1	7
→840	1	3	2	5	4	7	→24	1	2	3	4
	↓504	↓420	→42	7	3	2	→36	6	1	2	3
→7	1	7	↓40	↓180	↓30	5040		↓20	↓135	↓24	↓180
→720	3	6	4	2	5	1	→180	5	3	2	6
→720	4	1	5	6	2	3	→120	4	5	3	2
→360	6	2	1	5	3	2	→180	1	9	4	5
→840	7	5	2	3	1	4	→360	960	1008	240	3
	↓480	↓168	↓30	↓192	→240	5	3	8	2	1	↓42
→168	3	7	2	4	5040	6	4	5	3	2	7
→96	4	3	1	8	1680	7	5	2	4	6	1
→960	8	2	5	3	4	→144	1	3	6	4	2
→720	5	4	3	2	6	2520	6	4	7	5	3

문제 18 의 답

25	6	22	10	2
18	12	5	21	9
1	24	8	17	15
7	20	⭐11	4	23
14	3	19	13	16

문제 19 의 답

11	−7	−1	−10	7
−2	−6	1	4	3
8	6	−12	9	−11
−8	10	❌	2	−4
−9	−3	12	−5	5

문제 20 의 답

13	16	22	5	9
25	4	6	11	19
8	12	20	24	1
17	23	3	7	15
2	10	14	18	21

문제 21 의 답

4	6	15	9
16	10	5	3
1	7	12	14
13	11	2	8

문제 22 의 답

12	13	9	11
1	19	7	18
15	10	9	11
17	3	20	5

문제 23 의 답

8	13	4	1
2	3	10	11
7	4	3	12
9	6	9	2

2	36	3
9	6	4
12	1	18

문제 **25** 의 **답**

	①	②	③	④
A	5	8	2	1
B	8	2	4	3
C	2	4	9	8
D	1	3	8	5

문제 **26** 의 **답**

	①	②	③	④
A	3	2	6	3
B	2	6	4	1
C	6	4	4	1
D	3	1	1	2

문제 **27** 의 **답**

2 G	5 A	5 A	6 C	4 E	22
7 B	0 H	1 K	2 G	7 B	17
1 K	8 J	1 K	2 G	9 F	21
0 H	1 K	9 F	3 D	7 B	20
3 D	6 C	7 B	6 C	1 K	23
13	20	23	19	28	

문제 **28** 의 **답**

5 D	2 E	7 F	2 E	4 B	20
6 A	4 B	6 A	0 J	8 C	24
5 D	7 F	9 G	3 K	0 J	24
4 B	2 E	1 H	7 F	5 D	19
4 B	8 C	7 F	9 G	8 C	36
24	23	30	21	25	

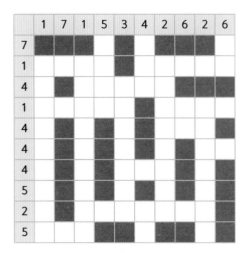

	4	4	4	3	5	2	3	1	4	4
6	■	■	■	■	■				■	
1									■	
4		■		■		■	■			
3		■							■	■
3				■		■	■			
3	■									■
3					■		■			■
2			■		■					
6	■		■		■				■	■
3			■		■					

	2	5	3	4	2	2	4	3	2	6
4	■	■				■				■
3				■				■		■
2				■						■
3		■					■			■
3					■		■			■
4	■	■	■				■			
0										
8		■	■	■		■	■	■	■	■
0										
6		■	■	■	■			■	■	

	2	3	1	4	1	2	2	2	1	3
4	🏠	🌳	🏠	🌳		🌳		🏠	🌳	
0		🏠				🏠	🏠			
4		🌳	🏠	🌳			🌳		🏠	🌳
0				🏠				🏠		
3				🌳		🌳	🏠	🌳		
1	🌳	🏠								
1	🏠							🏠		🌳
4	🌳	🏠	🌳	🏠	🌳			🌳		🏠
1		🏠							🏠	🌳
3		🌳		🌳	🏠		🌳	🏠		

8	1	4	5	7	3	9	2	6
7	5	9	2	4	6	3	8	1
2	3	6	8	1	9	4	7	5
4	7	1	9	2	5	8	6	3
6	9	2	3	8	7	5	1	4
5	8	3	4	6	1	2	9	7
3	6	5	7	9	2	1	4	8
1	2	8	6	3	4	7	5	9
9	4	7	1	5	8	6	3	2

1	2	6	7	8	3	9	5	4
8	5	4	9	2	6	7	1	3
9	3	7	1	5	4	2	6	8
5	6	1	8	3	7	4	9	2
7	4	9	2	6	1	8	3	5
2	8	3	5	4	9	1	7	6
4	9	2	6	1	5	3	8	7
3	7	5	4	9	8	6	2	1
6	1	8	3	7	2	5	4	9

7	6	1	9	3	4	8	2	5
3	5	4	6	2	8	1	9	7
9	2	8	1	5	7	6	3	4
2	1	9	5	4	6	3	7	8
4	8	3	2	7	9	5	1	6
5	7	6	3	8	1	9	4	2
1	9	5	7	6	2	4	8	3
8	3	2	4	9	5	7	6	1
6	4	7	8	1	3	2	5	9

7	8	9	1	5	6	3	2	4
2	3	4	9	7	8	1	6	5
1	6	5	4	3	2	7	8	9
9	1	3	8	6	5	4	7	2
6	4	2	7	9	1	8	5	3
5	7	8	3	2	4	6	9	1
4	5	1	6	8	9	2	3	7
3	2	6	5	4	7	9	1	8
8	9	7	2	1	3	5	4	6

9	5	1	6	2	4	3	8	7
7	2	8	1	9	3	6	5	4
6	3	4	5	7	8	2	9	1
2	4	7	3	1	9	8	6	5
3	8	5	2	6	7	4	1	9
1	9	6	8	4	5	7	2	3
5	7	3	9	8	2	1	4	6
8	1	9	4	3	6	5	7	2
4	6	2	7	5	1	9	3	8

5	10	6	1	4	9	8	7	2	3
8	2	7	9	1	5	4	3	6	10
1	4	5	8	3	6	2	10	7	9
6	3	2	4	7	10	1	9	5	8
9	7	3	10	2	8	5	6	1	4
3	1	9	7	10	2	6	4	8	5
2	5	10	3	8	4	7	1	9	6
7	8	1	6	9	3	10	5	4	2
10	6	4	2	5	1	9	8	3	7
4	9	8	5	6	7	3	2	10	1

6	4	10	7	1	11	9	8	2	3	5	12
3	2	12	11	10	6	7	5	1	8	9	4
5	9	1	8	12	4	3	2	11	10	6	7
9	5	3	1	7	2	10	6	4	12	8	1
2	11	8	10	4	5	12	9	6	7	1	3
7	6	4	12	8	3	11	1	5	9	10	2
10	12	5	2	6	7	8	3	9	4	11	1
1	7	6	3	11	9	5	4	8	2	12	10
4	8	11	9	2	10	1	12	3	6	7	5
12	1	7	6	3	8	2	11	10	5	4	9
8	10	2	5	9	1	4	7	12	11	3	9
11	3	9	4	5	12	6	10	7	1	2	8

13	6	1	5	11	3	2	7	10	15	16	8	12	4	9	14
2	3	9	14	5	10	16	8	4	1	13	12	7	6	15	11
11	7	15	8	9	6	4	12	14	3	2	5	13	10	16	1
4	12	10	16	13	15	14	1	9	6	11	7	8	2	5	3
7	2	5	10	4	14	13	15	11	8	6	9	1	16	3	12
16	15	14	3	6	12	10	2	7	4	5	1	11	13	8	9
8	13	11	4	7	5	1	9	12	16	10	3	15	14	2	6
12	9	6	1	8	16	3	11	13	14	15	2	10	7	4	5
6	4	8	11	10	1	7	5	3	2	14	15	9	12	13	16
10	1	3	7	12	11	15	4	5	13	9	16	6	8	14	2
15	16	2	13	3	8	9	14	1	10	12	6	4	5	11	7
14	5	12	9	16	2	6	13	8	11	7	4	3	1	10	15
3	10	4	2	1	7	5	6	15	9	8	14	16	11	12	13
1	11	16	15	14	4	12	10	2	7	3	13	5	9	6	8
5	8	13	6	2	9	11	3	16	12	1	10	14	15	7	4
9	14	7	12	15	13	8	16	6	5	4	11	2	3	1	10

	↓20	↓34	↓6	↓14	↓29		↓5	↓16	↓21	↓11
27→	4	7	2	6	8	23→	4	9	7	3
34→	6	8	4	7	9	14→	1	7	4	2
16→	7	9	↓30	1	2		↓18	↓26	8	5
15→	2	4	9	29→	3	8	9	6	2	1
31→	1	6	8	9	7	↓16	1	3	↓32	↓19
	↓19	↓16	6		30→	2	8	9	7	4
33→	2	1	7	8	9	6	↓16	8	9	5
16→	9	7	↓11	↓13		1	2	↓10	3	1
11→	1	3	2	5	19→	3	8	1	5	2
29→	7	5	9	8	34→	4	6	9	8	7

	↓25	↓34	↓4	↓14	↓29		↓5	↓16	↓21	↓11
28→	6	7	1	5	9	23→	2	9	7	5
31→	4	9	3	8	7	20→	3	7	8	2
9→	3	6	9→	1	8	↓12	↓18 7→	4	3	
15→	7	8	↓19	29→	5	7	8	6	2	1
18→	5	4	9	↓9	14→	5	6	3	↓32	↓19
	↓19	↓16	2	3	↓11	10→	4	1	2	3
33→	7	9	8	6	3	↓15	16→	2	9	5
7→	6	1	↓11	13→	8	5	↓11	10→	6	4
11→	1	2	5	3	19→	3	2	6	7	1
22→	5	4	6	7	34→	7	9	4	8	6

	↓22	↓17	↓6	↓9	↓16		↓5	↓14	↓17	↓20
21→	7	2	5	3	4	17→	3	9	4	1
17→	3	6	1	5	2	16→	2	5	3	6
5→	2	3	↓14	1	3		↓11	↓20	8	9
13→	6	5	2	22→	1	7	3	5	2	4
21→	4	1	3	7	6	↓18	6	4	↓20	↓29
	↓22	↓15	8		15→	4	2	3	5	1
26→	5	6	1	8	4	2	↓15	8	2	4
10→	7	3	↓13	↓9		6	5	↓10	3	7
24→	9	4	8	3	24→	1	2	7	6	8
14→	1	2	5	6	29→	5	8	3	4	9

	↓29	↓32	↓6	↓14	↓29		↓8	↓6	↓21	↓11
23→	4	6	1	5	7	23→	6	5	9	3
35→	7	8	5	6	9	11→	2	1	3	5
16→	9	7	8→	3	5	7↓	18↓	5→	4	1
3→	1	2	↓16	29→	8	3	7	4	5	2
20→	8	9	3	↓11	18→	4	8	6	32↓	20↓
	↓19	↓16	6	2	↓12	18→	3	5	8	2
26→	3	2	7	9	5	18↓	16→	3	7	6
9→	5	4	↓11	13→	7	6	15↓	9→	5	4
14→	4	1	3	6	19↓	4	9	2	3	1
29→	7	9	8	5	34→	8	6	4	9	7

① 그림 B가 맞습니다.
  힘×지렛대; F1×L1=F2×L2
  20×3=10×6
  즉 그림 B에서 돌려진 순간 올바르게
  조정됩니다.

④ 상자는 D방향으로 돌려집니다.

④ 지레 D는 B방향으로 돌려져야만 합니
  다.

② 장치 A가 더 적은 힘을 필요로 합니다.

① 바퀴 B는 바퀴 A와 같은 방향으로 돕
  니다.

③ 탱크 C가 가장 먼저 표시된 부분까지
  채워집니다.

① 통 A에 가장 많이 담깁니다.

① 접기 A를 펴면 같은 모양이 됩니다.

③ C방향에서 비출 때 같은 그림자 모양
  이 됩니다.

1 ▶ 51.6kg

길이 500m, 너비 0.8m는 86kg에 해당합니다.

길이 320m, 너비 0.75m는 $x$kg에 해당합니다.

$$x = \frac{86 \times 0.75 \times 320}{0.80 \times 500}$$

2 ▶ 45,000,000원

A=15, B=12, C=5, 32는 96,000,000원, 15는 x원,

$$x = \frac{96,000,000 \times 15}{32}$$

3 ▶ 600원

1,050원짜리 40kg=42,000원, 1,200원짜리 30kg=36,000원,

1,500원짜리 20kg=30,000원, 90kg은 108,000원입니다.

0.5kg의 가격은 x원

$$x = \frac{108,000 \times 0.5}{90}$$

4 ▶ 8.02%

4,240원은 100%에 해당합니다.

340원은 x에 해당합니다.

$$x = \frac{100 \times 340}{4,240}$$

5 ▶ 2.5%와 64,000,000원

52,500,000원은 100%에 해당합니다.

1,312,500원은 x에 해당합니다. $x = \dfrac{100 \times 1,312,500}{52,500,000}$

2.5%를 매출에 대한 수수료로 받는다면 1,600만원을 수수료로 받았을 때

매출을 100으로 놓고, 100%는 x에 해당합니다. $x = \dfrac{1,600,000 \times 100}{2.5}$

1 10,780원 　　이자 $= \dfrac{2,425,000 \times 5 \times 32}{100 \times 360}$

> * 원화의 이자 계산은 365일로 하지만 외화는 360일로 계산합니다.
> 그런데 이 책에서는 편의상 360으로 계산하기로 합니다.

2 32,000,000원 　　원금 $= \dfrac{100 \times 360 \times 600,000}{7.5 \times 90}$

3 14% 　　이자율 $= \dfrac{100 \times 360 \times 17,500}{1,500,000 \times 30}$

4 60일 　　날 $= \dfrac{100 \times 360 \times 51,250}{6,000,000 \times 5.125}$

5 142,101원 　　원금 $= \dfrac{100 \times 360 \times 12,500}{13.25 \times 239}$

> * 이 경우에는 2월을 29일, 그 외의 달은 30일로 계산하세요.

6 637,330원

할인 $= \dfrac{652,000 \times 9 \times 90}{100 \times 360} = 14,670$원

652,000 − 14,670

7 1.45

12,900 + 5,810 = 18,710; 12,900원은 1에 해당합니다.

18,710원은 x에 해당합니다.

$x = \dfrac{1 \times 18,710}{12,900}$에 해당합니다.

1 **2,771,360원**(반올림함)

$83\frac{1}{3}$ 은 1,603,800원에 해당합니다.

100%는 x에 해당합니다. $x=\dfrac{1,603,800\times100\times3}{250}=1,924,560$

$83\frac{1}{3}$%는 1,924,560.

100%를 x로 놓고 $x=\dfrac{1,924,560\times100\times3}{250}=2,309,470$

$83\frac{1}{3}$%는 2,309,470에 해당합니다.

다시 100%를 x로 놓고 $x=\dfrac{2,309,470\times100\times3}{250}=$ **2,771,364**원

2 **150,000,000원**

3.2%는 4,800,000원에 해당합니다.

100%는 x에 해당합니다. $x=\dfrac{4,800,000\times100}{3.2}$

3 **10,000,000원**

$V=1\frac{2}{5}$, $S=1$, $M=\frac{1}{2}$, $T=\frac{1}{3}$

공통분모 30; V=42, S=30, M=15, T=10; 97, 즉 97,000,000원입니다.

10을 x로 놓으면 식은 다음과 같습니다. $x=\dfrac{97,000,000\times10}{97}$

4 **3,400,000원과 6.68%**

100%는 x입니다. $x=\dfrac{1,328,000\times100}{4}=3,320,000$원

3,320,000+800,000=3,400,000원

3,400,000−212,800=3,187,200; 3,187,200원은 100%입니다.

212,800원은 x입니다. $x=\dfrac{100\times212,800}{3,187,200}=6.68$%

1 ▶ **200,000원**

$85\frac{5}{7}\% - 1,200,000원$, $14\frac{2}{7}\% - x$,

$$x = \frac{1,200,000 \times 100 \times 7}{7 \times 600}$$

2 ▶ **19개의 콘센트**

8시간 동안 304개의 콘센트를 만들었으므로 0.5시간(30분) 동안 만든 콘센트를 x개로 하면

$$x = \frac{304 \times 0.5}{8}$$

3 ▶ **5%**

생산품=100; 수출 75%, 국내 25%, 나머지=$\frac{1}{5}$%

4 ▶ **5천 원짜리 지폐 12장과 오백 원짜리 동전 36개**

$x + y = 48$, $5,000x + 500y = 78,000$

5 ▶ **31개**

1 ▶ 36명 $2x + \dfrac{1}{2}x + \dfrac{1}{4}x + 1 = 100$

2 ▶ 13만 원 $3x = 50 - 11$

3 ▶ 12시 $\dfrac{x}{15} = \dfrac{1}{20} + 0.75$; $x = 45$, 9시 + 3시간 = 12시

4 ▶ 11시 25분 $3x + 40 + x = 180$; $x = 35$

5 ▶ 50 $1\dfrac{1}{2} \times (100 \div 3)$

6 ▶ 4 $6x - 12 = 3x$

7 ▶ 4   25대 40, 15대 x, $x = \dfrac{40 \times 15}{25} = 24$, $24 - 20 = 4$

1 ▶ 4cm, 8cm $6x = 24$

2 ▶ 4.5cm, 6.5cm, 9.5cm $x + x + 2 + x + 5 = 20.5$

3 ▶ 768cm   64개의 주사위 × 12cm = 768cm

4 ▶ 6m $(x + 0.5)^2 = x^2 + 2.5^2$

5 ▶ 첫번째 무게재기 저울접시 위에 공들을 각각 3개씩 나누어 올립니다. 저울이 균형을 이루면 찾는 공은 무게를 재지 않은 공 가운데 있습니다. 저울접시가 위로 올라가면 가벼운 공은 3개의 공 가운데 있습니다.

두번째 무게재기 가벼운 공이 포함되어 있는 공 3개를 나눕니다. 각각 하나씩 두 개의 공을 저울 위에 놓습니다. 세 번째 공은 탁자 위에 놓습니다. 공이 균형을 이루면 탁자 위에 놓인 공이 가벼운 것이고 저울 접시가 위로 올라가면 이 저울 접시 위에 있는 공이 찾는 공입니다.

6 ▶ 구간 B+D

B+D=C−D

4+2=8−2

문제 **60** 의 답

1 ▶ 78cm

48cm가 52cm로 늘어날 때 72cm는 x cm로 늘어나게 됩니다.

$$x=52\times\frac{72}{48}$$

2 ▶ 24cm

$\frac{3}{3}+\frac{2}{3}=\frac{5}{3}$, 60:5=12; 12×2=24

3 ▶ 3,920원

$\frac{1}{10}+\frac{4}{10}=\frac{5}{10}=\frac{1}{2}$; 1,960×2=3920

4 ▶ 84명

6일은 7명에 해당합니다. 0.5일은 x에 해당합니다. $x=\frac{7\times6}{0.5}$

5 ▶ 21

$\frac{3}{3}+\frac{4}{3}=\frac{7}{3}$; 49÷7=7; 7×3=21

1▸ **24명**

25명이 16일간 마실 음료가 14일만에 떨어졌으므로 x명으로 놓으면 $x=21\times\dfrac{16}{14}$

2▸ **24시간**

시간당 12,000ℓ를 부었을 때 30시간 걸린다면

시간당 1,5000ℓ는 x시간 동안 채웁니다. $x=\dfrac{30\times12,000}{15,000}$

3▸ **15**

180인분은 탱크 하나에 해당합니다. 2700인분은 x에 해당합니다.

$x=\dfrac{1\times2,700}{180}$

4▸ **100명의 짐꾼들**

16시간 동안에는 300명의 짐꾼들, 12시간 동안에는 x명의 짐꾼들,

$x=300\times\dfrac{16}{12}=400;\ 400-300=100$

5▸ **7.55분**

1분에 $\dfrac{1}{9}+\dfrac{1}{13}-\dfrac{1}{18}=\dfrac{31}{234}$, 즉 욕조는 $\dfrac{234}{31}$ 분 안에 가득찹니다.

즉 가득 차는 데 걸리는 시간은 7.55분입니다.

1▸ **마르코는 3,600,000원, 세바스티안은 3,000,000원을 받습니다.**

M$=\dfrac{6}{5}$, S$=1$, A$=\dfrac{7}{6}$

공통분모는 30; M$=\dfrac{36}{30}$, S$=\dfrac{30}{30}$, A$=\dfrac{35}{30}$

S$=1=3,500,000\div35=100,000$원; M$=36\times100,000$, A$=30\times100,000$

2 12%

60×10=600, 40×15=600, 1200÷100=12

3 A는 한 달에 7,000,000원 벌고, B는 9,000,000원 벌며 C는 6,000,000원 법니다.

A의 첫 번째 이야기는 거짓말입니다. B의 세 번째 이야기도 거짓말입니다.

이와 마찬가지로 C의 세 번째 이야기도 거짓말입니다.

따라서 결과는 A는 한 달에 7,000,000원 벌고,

B는 9,000,000원 벌며 C는 6,000,000원 법니다.

문제 **63** 의 답

1 10,500개

8개의 오븐은 12시간 동안 6,300개의 빵을 굽습니다.

10개의 오븐은 16시간 동안 x개의 빵을 굽습니다.

$$x = \frac{6{,}300 \times 16}{12 \times 8}$$

2 2명

5사람은 4시간 동안 920m²를 청소합니다.

x명의 사람은 3.5분 동안 1,127m²를 청소합니다.

$$x = \frac{5 \times 4 \times 1{,}127}{3.5 \times 920} = 7; \ 7 - 5 = 2$$

3 24명

14명의 사원들이 6일간 8시간씩 작업했습니다.

x명의 사원들은 4일간 7시간씩 일해야만 합니다.

$$x = \frac{14 \times 6 \times 8}{4 \times 7}$$

1▶ 301마리

왜냐하면 301은 7로 나누어지기 때문입니다.

2▶ 11마리의 닭과 7마리의 토끼

$x+y=18, \ 2x+4y=50$

3▶ 42분 21초 $\left(=1\dfrac{12}{17}시간\right)$

$1 \div t$ 전체 $= 1 \div t_1 + 1 \div t_2 + 1 \div t_3$

$\dfrac{1}{1} + \dfrac{1}{4} + \dfrac{1}{6} = \dfrac{17}{12}$; 역수치: $\dfrac{12}{17}$

(60분÷17)×12=42.35294분; 0.35294분×60=21초

4▶ 4마리

n은 고양이의 수입니다. 그러면 $n = \dfrac{4}{5}n + \dfrac{4}{5}$

1▶ 화요일날 24초 더 오래 달렸습니다.

월요일에는 32분 더 달렸습니다: $2 \times 24 \times \dfrac{60}{90}$

화요일날에는 32.4분 더 달렸습니다: $24 \times \dfrac{60}{100} + 24 \times \dfrac{60}{80}$

2 ▶ 18km

$$1 + \frac{2}{3} = \frac{5}{3}$$

30km÷5=6×3=18km

$$x + \frac{2}{3}x = 30$$

$$\frac{5}{3}x = 30$$

$$x = 18km$$

3 ▶ 17.50m

0.25초는 1.75m에 해당합니다.

2.5초는 xm에 해당합니다. $x = \frac{1.75 \times 2.5}{0.25}$

4 ▶ 만나는 지점은 그라펜 뮐레 10km 앞입니다.

마르크 팔크너가 자전거를 탄 시간=6시간의 $\frac{2}{5}$ 즉, $2\frac{2}{5}$시간.

에리히 아히너가 자전거를 탄 시간=6시간의 $\frac{1}{4}$ 즉, $1\frac{1}{2}$시간입니다.

마르크의 속도=에리히 속도의 $\frac{5}{8}$이기 때문에

에리히는 아직도 $\frac{8}{13}$을 더 와야만 합니다.

문제 **66** 의 답

1 ▶ 수잔의 오빠가 그녀 어머니의 오빠인 수잔의 삼촌과 화해한다는 것입니다.

2 ▶ 자식은 총 7명이고 부부가 재혼 후 태어난 자식은 3명

3 ▶ 47만 원   =42만 원+5만 원

1 시간과 분당 24번

24시간×60분=초침에서 1,440번

2 20팀일 때: 380 경기

원정경기: 19×10 경기=190

홈경기: 19×10 경기=190

18팀일 때: 306 경기

원정경기: 17×9 경기=153

홈경기: 17×9 경기=153

3 0.0045767%

0.51×0.51×0.51×0.51×0.51×0.51×0.51×0.51

4 20명의 남성들과 16명의 여성들

$M=\dfrac{4}{3}$; $F=\dfrac{3}{3}$; $M=20$; $F=15+1$

5 할트: 치과의사와 골프

헬트: 법률가와 테니스

힐트: 파일럿과 폴로

문제 **68** 의 답

1 모든 동료들이 함께 있기까지는 420일이 걸립니다.

2×3×4×5×6×7; 가장 작은 공통의 4배를 찾으십시오;
최소공배수 찾기

2 85.5kg

질케는 율리아의 무게+5kg. 안드레아의 무게는 율리아의 무게−5kg, 율리아의 무게는 171kg의 $\frac{1}{3}$=57kg입니다. 그렇다면 질케의 무게는 62kg이고 안드레아는 52kg입니다. 총무게는 홀수이기 때문에 페터는 율리아의 남편임에 틀림이 없습니다. 그의 무게는 85.5kg입니다.

문제 **69** 의 답

1 두 사람이 5송이의 카네이션을 가지고 있습니다.

2 56개의 미장원 의자, 5개의 미장원

3 14장의 그림이 있습니다. Y씨가 우산을 가지고 있지 않습니다.

	Y	X	Z	합계
의자	6	7	4	17
우산	−	1	1	2
그림	5	3	6	14
집			오른쪽	
물건합계	11	11	11	

1▶ 토요일   **2▶** 토요일

3▶ 월요일   **4▶** 화요일

5▶ 일요일   **6▶** 화요일

1▶ 노르웨이 사람이 물을 마십니다.

2▶ 얼룩말은 일본 사람의 것입니다.

	1	2	3	4	5
국적	노르웨이인	이탈리아인	영국인	스페인인	일본인
색	노란색	파란색	빨간색	갈색	초록색
취미	등산	수영	축구	오토바이	배타기
음료	물	차	우유	오렌지쥬스	커피
동물	여우	말	달팽이	개	얼룩말

1▶ 식당 칸에는 여성 매니저가 앉아 있습니다.

2▶ 변호사가 17시 20분에 기차를 탑니다.

	시간	직업	칸
출발	14:00	연금생활 하는 여자	이등실
1번째 역	14:15	기술자	이등실
2번째 역	15:30	대표	이등실
3번째 역	16:15	여교수	이등실
4번째 역	17:20	변호사	일등실
5번째 역	18:40	교사	이등실은 아닙니다. 그래서 일등실 6번째 역
6번째 역	19:30	여성 매니저	일등실은 아닙니다. 5명의 사람들이 이미 이등실에 있습니다. 그래서 식당 칸에 있는 것입니다.
7번째 역	21:05	대학생	이등실
목적지	22:00	목적지	이등실

문제 **73** 의 답

1▶ 그 비행기는 2000m 높이의 항로에 있습니다.

2▶ 가족은 남반구에서 살고 있습니다.

3▶ 스벤은 율리아의 아들입니다.

4▶ 한 번입니다.

제일 먼저 '1센트와 2센트 동전'이라고 표기된 깡통에 손을 넣습니다. 깡통들은 모두 잘못 표기되어 있기 때문에 이 깡통에는 뽑을 동전이 두 개여야만 하기 때문입니다. 따라서 이 깡통의 표찰은 다시 써야 하고 다른 깡통들의 표찰은 바뀌어야 합니다.